¿POR QUÉ NO CREER?

¿POR QUÉ NO CREER?

Y por qué yo creo . . .

ROGER MALSTEAD
con RONALD CLEMENTS

Columbus, Ohio

¿Por qué no creer? Y por qué yo creo. . .

Publicado por Gatekeeper Press
2167 Stringtown Rd, Suite 109
Columbus, OH 43123-2989
www.GatekeeperPress.com

© 2018 por Roger Malstead y Ronald P. Clements

Información de contacto:
Mr Roger Malstead
rogermalstead@gmail.com

Dr Ronald Clements
Mount Cottage
42 Telston Lane
Otford
Kent
TN14 5JX
01959 522730
clementsntproject@hotmail.co.uk

Traducido por Anna Henry y Rev. Michael Henry

Todos los derechos reservados. Este libro, ni ninguna parte del mismo \puede ser vendido o reproducido en ninguna forma ni por ningún medio electrónico o mecánico, incluidos los sistemas de almacenamiento y recuperación de información sin el permiso por escrito del autor. La única excepción es el uso por un revisor, quien puede citar extractos breves en una revisión.

ISBN (encuadernación rústica): 9781642374117

Impreso en los Estados Unidos de América

Sobre los autores

Roger Malstead fue el fundador y director de *Spear Publications*, una organización comprometida a traducir recursos cristianos para iglesias en Turquía. También es productor de películas (*Bedel, Ali y Silvana*), y lo más reciente que ha producido es una serie de documentales de televisión (*Las historias de Jesús* [2010], *Jesús: ¿Hijo de Dios?* [2014], *Jesús: ¿Muerto y enterrado?* [2018]). Él y su esposa, Yvonne, vivieron en Beirut, Turquía, y el Reino Unido. Ahora están jubilados y viven en los Estados Unidos de América.

El Dr. Ronald Clements es un escritor independiente que vive en el Reino Unido. Sus biografías incluyen *Vidas de una caja negra*, y *En Japón los grillos lloran*. Ha colaborado con Roger Malstead como director y escritor de los documentales *Las historias de Jesús, Jesús: ¿Hijo de Dios?*, y *Jesús: ¿Muerto y enterrado?*. www.ronaldclements.com

Contenido

Sobre los autores v
¿Dónde comenzamos? ix

1. ¿Por qué no creer? 1
2. Comenzando con algo 3
3. Un principio de esperanza.. 7
4. Opciones de Dios.. 11

Antes de seguir. 17

5. Avanzando 19

En mis tiempos . . . 1 25

6. Una parte de historia... 29
7. Jesús: ¿Encuentra la diferencia? 33
8. La muerte y la esperanza 37

En mis tiempos. . . 2 43

9. Cuando me levanto el Domingo.................................. 47
10. El Libro: Lo más valioso que ofrece este mundo 53
11. La Palabra verdadera... 57
12. La Palabra de Dios... 63
13. El llamado de Dios 67

Concluyendo con algo 71
Libros para leer 73

¿Dónde comenzamos?

¿Dónde comenzamos? Solo pregunto porque el mundo es un lugar muy grande. Y hay unos miles de millones de personas. Las posibilidades son que, como tú, he conocido miles de ellas de alguna manera u otra. Conozco muy bien a la familia, los amigos, los colegas, y la gente de la iglesia. La mayoría de los demás solo han sido de "hola y adiós". Entre ellos han habido cientos de conocidos, a los que disfruté conocer durante un tiempo. Y en estos días, tengo docenas de contactos a los que nunca veo, pero que envían correos electrónicos, mensajes de texto y usan las redes sociales que están de moda para contarme (¡y venderme cosas!) de la vida.

El internet calcula que llegaré a conocer entre 70 y 100,000 personas en mi vida. Y como ya estoy en mis setenta, debo estar acercándome a mi cuota. ¿Quién sabe? Lo que sí sé es que las personas, como tu, son importantes, sin importar quiénes son y dónde los encuentro. Por eso, quise escribir esto. Para familiares, amigos, conocidos y... si eres una de las muchas personas que aún no conozco, bueno, para ti también.

Pero primero, déjame presentarme.

Nací y fui criado en los Estados Unidos, en Nebraska, justo al norte del medio si estás mirando un mapa.

Mi familia vivió en varios lugares, incluyendo California.

Luego, me mudé a Illinois para asistir a la universidad y después, regresé a California. Después de eso, las cosas cambiaron grandemente. Me fui para Europa.

Ahí fue cuando un amigo y yo fuimos arrestados en la Unión Soviética. Y cuando fui escoltado fuera de Turquía, y me dejaron en la frontera de Grecia. Las historias están aquí si estás interesado. Pero, ¿por qué sucedieron estas cosas? Pues, tenía ganas de decirle a la gente lo que creía, y a veces te encuentras con chicos que . . . bueno, es decir, no quieren prepararte un té, ni darte la hora del día.

Pero hay algunos que sí te dejan hablar y puedes aprender mucho de lo que creen. La gente en Turquía y en el Medio Oriente, donde también he vivido, se pregunta acerca de un Dios que está muy lejos, pero que tiene mucho que decir acerca de cómo viven sus vidas. En el Oeste, en general, la gente duda si un Dios existe y está tratando de averiguar dónde encajan en el mundo sin uno.

Y, ¿yo? ¿Qué crees, Roger? Y, ¿por qué?

He pasado mi vida adulta respondiendo a esa misma pregunta: "¿Tú qué crees?, a todo tipo de gente, a través de los Estados Unidos, Europa y Asia. En realidad, es una pregunta fácil de contestar. Sé exactamente lo que creo y, como has visto, estoy más que contento de contártelo.

Pero, el ¿por qué? Bueno, eso requiere un poco más de tiempo y la mayoría de la gente no lo tiene para escuchar a los viejitos. Por eso, decidí escribir todo para que tú y otros puedan tomar un café y leerlo cuando lo deseen, y quizás, pensar sobre el asunto cuando yo no esté cerca.

1
¿Por qué no creer?

HAY UN VERSO en la Biblia que dice lo siguiente:

Estén siempre preparados para responder a todo el que les pida razón de la esperanza que hay en ustedes.[1]

Esto es bastante razonable. Todos creemos algo sobre la vida y por qué estamos aquí en nuestro mundo. Muchas personas tienen opiniones sólidas, otras simplemente se desvían hacia algún tipo de creencia. Principalmente, todos piensan que lo han entendido bien o lo suficiente, y mientras nadie los desafíe, la vida continúa.

En el Medio Oriente, encontré a muchas personas que estaban preocupadas de que si cuestionaban lo que creían, su mundo se derrumbaría a su alrededor. En Occidente pasa lo mismo; la gente, en realidad, no es tan diferente. Preferimos leer artículos, libros y sitios web, escuchar a las personas que ven las cosas de la misma manera que nosotros. Los medios

---

1   1 Pedro 3:15 (NVI)

sociales nos empujan repetidamente cosas que saben que "nos gustan". Pero a veces . . . solo de vez en cuando . . . me pregunto por qué creemos lo que hacemos. Y es bueno volver a lo básico, ver lo que nos llevó a dónde estamos ahora y a dónde queremos ir a continuación.

Cuando digo lo básico, eso es exactamente lo que quiero decir. Pero déjame empezar con esto. Cuando se trata de lo que la gente cree, podemos favorecer el argumento lógico, desconfiando de la experiencia. Esto, por supuesto, es una debilidad, no una fortaleza. Tenemos mentes y emociones. Tenemos que unir las dos para tener una vida verdaderamente plena. Esta es la razón por la que he incluido algunas cosas sobre mi vida en el camino, para que puedas ver que lo que creo no es solo algo limitado a un libro. Dicho esto, algunas personas dirían que mi fe no puede resistir el escrutinio de un argumento lógico. Supongo que están simplemente equivocadas . . .

2
Comenzando con algo

Lo mejor de vivir es que existimos. Existo. No estarías leyendo esto si no existieras. Tengo una casa con césped delantero y una caja de pájaros que visitan los pájaros.

Al otro lado de la calle, hay mucha más hierba y algunos árboles. Cuando abro las cortinas por la mañana, puedo ver las montañas. Conduzco hacia la ciudad y encuentro muchas cosas en todas partes. Abro mi computadora o miro mi teléfono, y personas que no veo, se comunican conmigo y me envían fotos de sus hogares y sus cosas.

Claro, hay algunas personas que dicen que no existimos en absoluto. Es un sueño o, si somos más al estilo del siglo XXI, vivimos en un programa de computadora gigante que se agita en un vasto experimento orquestado por quién sabe quién. La ciencia nos diría lo contrario. Y voy con la ciencia ahora. Además, cuando me toco el pie o decido tomar una ducha, la realidad de mi existencia me parece que está en buena forma.

Así que vamos a empezar con *algo*. Y vamos a lo grande. El universo es la cosa más grande que conocemos y contiene todas las cosas que podemos observar, de cualquier manera que lo hagamos. También contiene cosas que sabemos que están ahí, incluso si no podemos medirlas, y suponemos que hay cosas que aún tenemos que descubrir. Pero, sobre todo, el universo sí existe.

> *Un comentario aparte: El multiverso, es decir, cuando varios universos, quizás millones y más, cada uno con sus propias características, existen todos juntos (el nuestro es solo uno de los muchos), es una idea interesante, pero es una entidad teórica. Tal vez voy a volver a eso luego.*

Primero: Un gran universo y una gran pregunta: ¿Por qué hay algo, no nada?

Solo hay dos formas en que el universo puede existir:

- Porque se hizo.
- Porque tiene que existir.

La primera es fácil de entender. Las comidas en mi mesa todos los días están ahí porque Yvonne (una cocinera mucho mejor que yo) entró en nuestra cocina, encontró los ingredientes, los cocinó y me llamó al comedor para comer. Sin Yvonne, no estarían allí. Lo mismo con el universo. Alguien / algo causó que se hiciera, por lo cual, este existe.

El *Big Bang* es una explicación científica de cómo comenzó el universo. Pero, si crees en la "madre naturaleza" que lo hizo o en un diseño que guio todo esto, todavía existe el entendimiento de que en algún lugar alguien / algo hizo que existiera en primer lugar.

A menos que, por supuesto, pienses que el universo existe porque "Tiene que existir"- *existe necesariamente* -, que está en su propia naturaleza el existir. Así que, quizás puedes pensar en las matemáticas. Los números simplemente son. Nadie los hizo. Entonces, ¿el universo es así?

La verdad es que pocas personas, si las hay, creen en esto. Ateo o teísta. Cualquier programa de ciencias que veas o cualquier conferencia que vayas sobre física cuántica o astrofísica se basarán en la creencia básica de que las cosas son creadas por otras.

Ahora, aquí está el punto: ¿Qué / quién empezó todo en primer lugar? La respuesta simple que dan los teístas es "Dios" (dejando a un lado, por el momento, quién puede ser ese Dios y cómo lo hizo). Y los ateos tienden a apresurarse a una respuesta estándar, que en gran medida es que la ciencia ha puesto fin a esa noción. Dios no es necesario.

Ahora *no* creer en Dios está bien, ¡hasta que te piden que des una razón para ello! Y cuando se trata de la existencia del universo, la clara respuesta que la ciencia ha ordenado no se remonta lo suficiente. Lo mejor que se puede decir es que el universo existe sin una razón. ¡Que el cielo nos ayude! Imagínate cómo sería ridiculizado un creyente si no pudiera encontrar una razón para su fe.

Y aquí es donde entra en juego la filosofía de los adolescentes. Si Dios existe, ¿quién hizo a Dios?

Como el universo, hay dos maneras en que Dios puede existir:

- Porque Dios fue hecho.
- Porque Dios tiene que existir.

Dios, a diferencia del universo, puede existir sin ser creado por alguien o algo más. Dios puede *existir necesariamente*. ¿Eso es irrazonable? Bueno, depende de cómo pienses que es Dios. Muchas ideas de Dios pueden no funcionar cuando se trata de la existencia del universo. Pero, otras sí.

> *Un comentario aparte: Decir que Dios "tiene que" existir puede sonar como que Dios, de alguna manera, está siendo forzado a existir. Eso no es lo que quiero decir. Esto se trata sobre la naturaleza de Dios.*

Trata esto: Si Dios no fue creado por alguien o algo, y fue Dios quien inició el universo, Dios no puede ser lo mismo que las cosas del universo. De alguna manera, Dios debe ser diferente. Entonces, ¿de qué manera tiene que ser diferente?

Los fundamentos de nuestro universo son materia, espacio y tiempo. Entonces, seamos tan diferentes como podamos ser. Dios debe ser no material. Dios no debe existir en el espacio físico. Dios no debe ser gobernado por el tiempo. Este tipo de Dios necesario puede causar el comienzo de algo, como el universo. Ahora, ¿esto no es asombroso?

3
Un principio de esperanza

Tal vez, la pregunta que te estás haciendo es la siguiente: Está bien, entonces, Dios puede existir sin ser creado y quizá el universo no pueda hacerlo, pero, ¿y si el universo no tuviera un comienzo y no tendrá un final. Simplemente, ha existido en una forma u otra por siempre; una larga, muy larga cadena de causas que han producido algo que dio por resultado a nuestro universo?

En este punto, volvemos de nuevo a la ciencia. ¿Podrías dar la bienvenida al *Big Bang*?

Un comentario aparte: El crédito por proponer la teoría del Big Bang es para un ciéntifico ruso, Alexander Friedmann, y para un sacerdote católico belga, el reverendo Monsieur Georges Lemaître, ambos trabajando de manera independiente. Friedman y Lemaître hicieron sus descubrimientos en la década de 1920, hace 90 años. La teoría básica ha sobrevivido a un aluvión de avances en astronomía y física, y parece que va a durar un buen tiempo.

El *Big Bang* es un gran nombre para una teoría científica. A la prensa popular le encanta y el público cree que lo entiende. Después de todo, si vas a comenzar un universo, un *big bang* debería hacerlo. Desafortunadamente, el *Big Bang* (Gran explosión) no era grande y no hubo ninguna explosión. No fue una explosión. Fue una rápida expansión. Una expansión, hace alrededor de 13.8 mil millones de años, de toda la materia que existe (esto depende del artículo de internet que leas), como del tamaño de un melocotón, una cabeza de alfiler o una "singularidad", un "espacio", donde la distancia entre dos puntos es cero. Si esto te ayuda, imagina hasta la última partícula en nuestro universo abarrotada en el "punto" más pequeño que puedas imaginar. Un espacio tan densamente poblado que el sonido y las ondas de luz no van a ninguna parte, porque no hay a dónde ir.

Otra idea falsa común es que había un gran espacio fuera de este pequeño "punto" en el que todo se expandió. Pero esto tampoco es correcto. La expansión estaba dentro de sí misma, no en algo. Eso es más difícil de imaginar, por supuesto, porque tenemos los globos que se expanden en el aire a su alrededor y esto lo entendemos. Sin embargo, si fueras una criatura que viviera solo en dos dimensiones dentro de la superficie del globo, no tendrías ningún problema en comprender que tu "universo" se está haciendo más grande, sin preocuparte del espacio donde se está expandiendo.

Y, por si acaso te lo preguntaste, el *Big Bang* también afirma que este comienzo del espacio es también cuando comenzó el tiempo.

¡Suficiente de libros de física!

El punto aquí es que el *Big Bang* nos dice que el universo tuvo un principio, cuando esta singularidad se expandió rápidamente y las partículas comenzaron a dar forma al cosmos en expansión que vemos hoy. Espacio, materia y tiempo, los ingredientes de nuestro universo, todo comenzó allí y en ese momento.

¿Por qué esto es importante? Entre otras cosas, plantea la pregunta para la ciencia: ¿por qué ocurrió el *Big Bang*? Cualquier científico que se precie levantará su mano y dirá que no lo sabemos. Debido a que el "punto" de la singularidad era tan denso, no hemos podido observar nada en nuestro universo que nos dé una pista. Antes de que la luz pudiera viajar a los espacios entre la materia, solo podemos adivinar qué sucedió.

Algunas personas han afirmado en este asunto que el universo realizó un truco realmente bueno. Comenzó por sí mismo. El equivalente científico a que te agarras de los cordones de los zapatos y te levantes del suelo. ¡Buena suerte con eso!

Entonces, volvamos a Dios. El universo tuvo un comienzo definido. Por lo tanto, algo / alguien tuvo que empezarlo. Incluso, si no podemos resolverlo, tiene que haber una causa, de lo contrario el universo no existiría. Creer que un Dios, que es completamente diferente del universo, podría ser la causa no es irrazonable, ya sea que estés de acuerdo o no. De lo contrario, simplemente debes decir que no podemos saberlo y dejarlo allí por toda la eternidad. O creer en la magia del arranque.

Otra cosa importante aquí es que tener un comienzo nos da esperanza. En contraste, un universo que siempre ha existido, en el que la materia se moldea y remodela continuamente, unida por nada más que la física y la química de su propia naturaleza inherente, en última instancia, no proporciona ningún propósito a las vidas que intentamos llevar aquí y ahora.

De manera similar, la ciencia pinta un futuro sombrío para el universo, una "Muerte térmica". Después de miles de millones de años, inflado, el espacio en expansión se convertirá en una fina sopa de energía agotada, un mar estancado de equilibrio sin alegría. ¡No hay mucha esperanza ahí!

Si hay un Dios que trasciende todo esto, tengo una esperanza. Puedo entender que puede haber algún propósito en la vida. Sin embargo, para eso, este Dios necesita ser algo más que no material, no ligado por el tiempo, que existe fuera de los confines de mi universo. Él / ella / eso necesita tener inteligencia; habilidad para dar forma y propósito al universo y a mi vida. Bien, adivinaste, esa es la línea para que leas el siguiente capítulo . . .

4

Opciones de Dios

Nuestro mundo es un lugar hermoso. ¿Cuándo fue la última vez que viste la plata de escarcha en una tela de araña en la luz de la mañana? ¿O te fijaste en los patrones de hielo que esmaltan un hueco en el camino delante de ti? Quizás prefieras la fuerza del mar chocando contra las rocas, catapultando olas elevadas en el aire. O avistar un águila elevándose sobre corrientes térmicas invisibles. ¿Has caminado en lo profundo de una selva tropical? ¿Te has parado en la punta de una montaña? ¿Te has detenido para mirar, escuchar y encontrar la belleza que te rodea? La tierra es un buen lugar para vivir.

El esplendor, por supuesto, no termina con la tierra. Dos puestas de sol no son siempre las mismas. Y ahora tenemos el privilegio de ser asombrados por las impresionantes fotos de estrellas distantes y enormes galaxias, cometas helados y nebulosas polvorientas. Hemos descubierto que el universo también es un lugar hermoso. Y, notablemente, todo funciona bien.

En general, aceptamos el hecho de que las cosas funcionan por sentado. Hasta que dejen de funcionar. Si el universo dejara de funcionar, nosotros definitivamente lo sabríamos. Pero no lo hace. Sin ayuda de nosotros sigue existiendo, sigue funcionando. Inmensamente complejo. Increíblemente elaborado.

Lo que es más extraordinario, según científicos eminentes, es que todo esto funciona dentro de un pequeño margen de error. Uno de estos expertos distinguidos ha identificado seis números que ayudan a mantener todo funcionando. Uno es el poder de la fuerza que mantiene unidos a los átomos relacionados con la gravedad. Otro determina qué tan bien se unen los núcleos de los átomos. El tercero mide la cantidad de material acumulado en el universo. El cuarto controla la expansión del universo y el quinto su "textura", mientras que el sexto es algo que todos sabemos. Vivimos en tres dimensiones físicas, no dos o cuatro. (El tiempo es un tipo diferente de dimensión).

> *Un comentario aparte: Estos seis números provienen del Astrónomo Real del Reino Unido, Martin Rees, un científico muy prominente. Otros que escriben sobre el mismo tema pueden identificar diferentes factores, pero la conclusión es la misma: nuestro universo opera en parámetros finamente afinados.*

Haz una pequeña variación en cualquiera de estos números y ese sería "nuestro" universo. Un universo, si realmente existiera, que aún podría arrastrarse, pero "no como lo conocemos". Además, los científicos muestran que la "vida" en cualquier forma en este universo alternativo, la capacidad de alimentarse, adaptarse y reproducirse, sería imposible. Si te estás preguntando si un tipo diferente de forma de vida evolucionaría y viviría feliz para siempre, olvídalo. No es una opción. No es una esperanza.

¿A dónde nos lleva esto? Tenemos un universo muy afinado

que funciona, iniciado por algo hace 13.8 mil millones de años. ¿Cómo llegamos desde allí hasta aquí? Bueno, hay opciones sobre qué creer.

Si no crees en Dios, obviamente, Dios no es una opción. Pero, todavía tiene que haber alguna forma en que el universo siga moviéndose en su propio espacio y tiempo, y no se desintegre y se convierta en cualquier cosa sin vida. Se requiere una explicación de "no-Dios"; una "Natural", en lugar de una explicación "sobrenatural", si lo deseas. Luego, el argumento continúa. Si tenemos una explicación "natural" y esto no requiere que Dios participe, Dios no existe. Desafortunadamente, esto ha sido presentado como lo "científico" y por lo tanto, como la solución "correcta". Fin de la historia.

Sin embargo, ¿los que sostienen este punto de vista no necesitan explicar por qué creen esto? ¿Es simplemente que no crreen en Dios en primer lugar y adoptan esta opción "científica" como la más conveniente ofrecida? Llamarlo "científico" es una manera de evitar la pregunta más obvia para un científico: ¿Dónde está la evidencia? En el mejor de los casos, la opción de no-Dios sigue siendo una opción, un sistema de creencias por derecho propio para ser desafiado, al igual que las personas me piden que dé una razón para mis creencias.

Vale la pena examinar la opción de no-Dios, porque no es tan fuerte como nos dirían sus creyentes. Las respuestas estándares disponibles son que el universo se ha convertido en el universo que permite la vida que disfrutamos porque:

- es una necesidad física o . . .
- el azar arrojó los parámetros correctos.

El problema con el primero es que los universos que no permiten la vida son muchos y los que lo hacen son muy pocos, de ahí el ajuste fino. Entonces, en algún lugar del estado inicial del *Big Bang*, debe haber una preferencia (una necesidad) para nuestro universo. ¿Pero por qué? Nada indica que debe haber sido así. De hecho, lo opuesto es verdad. Tiene más sentido que haya una razón para una preferencia, a que exista simplemente como una preferencia.

Lo que nos lleva al azar. Se tuvo que producir algún universo y, oye, ¡tuvimos la suerte de conseguir este! La suerte parece una buena explicación hasta que preguntamos por qué tuvimos suerte. Si las probabilidades de ganar son realmente muy pequeñas, entonces hay siempre una duda molesta. ¿Ganamos porque alguien arregló todo? ¿Cómo podemos estar seguros? La verdad es que no podemos.

El ajuste fino de nuestro universo también nos pone en un lío. Todo nos dice que había una posibilidad muy pequeña de que nuestro universo existiera y una posibilidad muy pequeña de que funcionara. Las probabilidades no están apiladas a favor de una opción de no-Dios. En todo caso, lo creas o no, es más razonable considerar que Dios no solo inició las cosas, sino que, a propósito, lo hizo para que funcionara de esta manera.

Bien. Necesito hablar sobre el multiverso; la idea de que no hay solo un universo, sino millones y millones, o incluso un número infinito. Si hay suficientes de estos, seguramente uno, el nuestro, puede existir sin preocuparse por Dios. En efecto, todo tipo de universo gana.

Esto vuelve a tener problemas. Ante todo, ¿quién sabe que existen otros universos? No tenemos forma de saberlo. Entonces podemos decir que creemos que existen, pero no prueba nada. En segundo lugar, si existen millones de universos, también debe existir algún mecanismo válido, posiblemente afinado, para generar universos. Entonces, volvemos a las mismas preguntas con las que empezamos: ¿Por qué debería existir este mecanismo?; el mecanismo debe tener un punto de partida, ¿cómo comenzó?

La única otra opción disponible es asumir que existe un poder sorprendente que resalta la existencia de nuestro universo maravillosamente funcional. Desde que entendemos que las mentes inteligentes existen en nuestro universo, tu y yo tenemos una, la conclusión más lógica es que este poder también lo tiene. Un "Gran Diseñador" inteligente, si lo deseas. Este "Diseñador" trajo todas las cosas a la existencia y las mantiene existiendo.

Inevitablemente, hay diferentes formas de ver a un 'Diseñador'. Él / ella (si Dios es inteligente, ¡creo que podemos eliminar la palabra "eso"!) puso el *Big Bang* en movimiento y simplemente lo dejó para seguir adelante, ¿un propietario ausente? ¿Intervino él / ella a lo largo del camino, empujándolo en ciertas direcciones, como un "hombre" de mantenimiento?

Déjame decirte lo que creo de Dios. Sí, él / ella es diferente de las cosas del universo: No físico, no material; espíritu. Sí, él / ella existe fuera del tiempo; es eterno. Sí, él / ella es inteligente, omnisciente, de hecho lo sabe todo. Pero no creo que Dios sea un propietario ausente. Entonces, ¿es él / ella un "hombre" de mantenimiento? Bueno, no, creo en un Dios que es mucho más que eso. Él / ella es más parecido a un padre, que cuida a un niño. Dios se preocupa. Dios ama. Y por eso, él / ella acuna este universo, nuestro mundo, a cada uno de nosotros; íntimamente involucrado de principio a fin.

Antes de seguir...

Seguir identificando a Dios como "él / ella" no es una buena manera de continuar. Dios se describe a menudo como "él", pero la Biblia deja claro que Dios no puede ser definido como hombre. Dios es espíritu y, por lo tanto, ni "él" ni "ella" son apropiados. Sin embargo, de ahora en adelante voy a continuar con "él", en lugar de "ella" que es fuera de lo convencional. Para ser claro, no estoy limitando a Dios de ninguna manera, ni insistiendo en un punto de vista patriarcal.

5
Avanzando

LA CIENCIA SOLO puede llevarnos hasta un punto. Por su propia naturaleza, es limitada. Algunas personas quieren que creamos que la ciencia tiene la solución para todo. Pero esto es un complejo de superioridad con esteroides. Por un lado, desmerece las muchas otras formas válidas de entender la vida: hay muchas fuentes de conocimiento. Por otra parte, simplemente no nos va a ayudar a movernos de donde hemos llegado.

Tal vez, sería beneficioso considerar ir de A a B, donde B está muy lejos de A. La opción obvia de transporte sería un avión. Llamemos a esta aeronave "ciencia", porque la ciencia nos ha llevado por un largo camino para entender las cosas. Pero B no es un aeropuerto, por lo que necesitamos otra forma de transporte que nos ayude en la siguiente etapa de nuestro viaje. Quizás, necesitamos un tren porque B es una estación de tren, un autobús (para una parada de autobús) o un automóvil (para la mayoría de otros lugares), o tal vez, necesitamos caminar parte del camino (para algún otro lugar).

Esto no quiere decir que la ciencia no haya sido útil o que podemos ignorarla. Por el contrario, la ciencia es un gran vehículo en que nos podemos subir, dándonos puntos de vista que nunca veríamos de otra manera. La ciencia es fantástica al contarnos las propiedades de las cosas una vez que aparecen.

Sin embargo, de forma inevitabe, llega un punto en el que insistir en la ciencia como la única forma de avanzar nos deja atascados en el pavimento fuera del aeropuerto. No nos dice cómo existieron las cosas en primer lugar, ni por qué. La ciencia necesita que el universo sea inteligible, pero no puede decir por qué existe tal universo. Necesitamos subir a un tipo de elevador diferente para descubrir qué más podemos aprender.

Aparte de la ciencia, hay tres lugares obvios para buscar ayuda. Primero, la teología, el estudio de Dios. Tal vez sea menos atractiva que la ciencia para la mayoría de las personas, pero eso no la hace inútil. Segundo, miremos hacia la historia, ¿esto te sorprende? En realidad, cuando llegamos a la historia, ¡hay algunas sorpresas! Y tercero, dentro de nosotros, la experiencia personal, que he dicho se debe tener en cuenta, de lo contrario, podemos perdernos a nosotros mismos como parte de la respuesta. En este libro, he contado un poco de mi propia historia, que espero te interese.

Bueno, todo esto plantea otra pregunta: ¿Cómo podemos aprender algo acerca de Dios? En el último capítulo, mencioné que Dios podría simplemente ser un arrendador ausente, sin presentarse nunca para reparar el toallero o molestarse en verificar lo que hemos hecho en el lugar. Lógicamente, solo podemos saber acerca de Dios si él hace una aparición.

Esto, creo, es exactamente lo que Dios ha hecho; hacer acto de presencia. Teología, historia y experiencia personal son todas formas de mostrar que Dios está involucrado en nuestro mundo. Dios no está ausente.

Quiero, en algún momento, tener una visión real de la Biblia y por qué deberíamos preocuparnos por esta, pero no por ahora. Hay, sin embargo, una frase muy clara en sus palabras iniciales:

Y dijo Dios . . .[2]

Estas palabras aparecen en uno de los pasajes más famosos de la literatura mundial: La historia de la creación del universo en el capítulo 1 de Génesis.

> *Un comentario aparte: Este relato de Génesis no es una descripción científica como la entenderíamos. No es sorprendente, pues cuando esto fue escrito hace milenios, el escritor no estaba familiarizado con la astrofísica moderna, Es, sin embargo, ¡una lectura intrigante!*

Lo principal aquí es lo que dice acerca de Dios. Dios se comunica. Este entendimiento, Dios hablando de alguna manera, se repite quince veces en el primer capítulo. Es como si el escritor quisiera asegurarse de que los lectores entienden el punto. Dios no está en silencio. El escritor luego continúa con su narrativa, reportando repetidamente a Dios hablando y haciendo cosas para interactuar con nuestro mundo. Mi experiencia es que Dios todavía habla hoy, si podemos molestarnos en escuchar.

Hay otra característica de Dios con la que quiero terminar esta sección. La bondad de Dios. Esto es de vital importancia para nosotros. Si Dios existe, ¿qué clase de Dios es él: bueno, malo, una mezcla?

Espero que todos estemos de acuerdo en que los valores

---

2 Génesis 1:3 (NVI)

morales existen en el mundo, que sabemos la diferencia entre el bien y el mal. De lo contrario, nos quedamos con un vacío mortal en el que cualquier forma de comportamiento es válida, tanto vil como virtuosa. Claro, las diferentes culturas y las diferentes edades pueden discutir cómo se deben vivir estos valores. Pero una sociedad sin moralidad positiva, la bondad, no es un lugar para estar.

¿De acuerdo? ¿Sí?

En las sociedades occidentales, en particular, mucha gente diría que las reglas sociales son hechas por las personas y luego impuestas en busca de que todos se lleven bien juntos. La sociedad decide sobre valores relativos llamados "buenos", "malos" o en algún lugar intermedio, que se adaptan y cambian de vez en cuando.

Es difícil evitar el problema subyacente de los valores relativos, la falta de normas objetivas o absolutas, si la fuente de la bondad no existe fuera de nosotros mismos. Incluso las sociedades más benévolas lucharán para definir el bien y el mal que sean objetivos si generan su comprensión desde dentro de sí mismas. ¿Por qué sus puntos de vista particulares deben ser aceptados como válidos?

Se puede argumentar que los valores morales simplemente existen, sin Dios. Pero, ¿por qué y cómo? ¿De dónde viene realmente un sentido de bondad? Si tenemos un universo generado exclusivamente por partículas que interactúan en una larga y complicada serie de sucesos, ¿qué les dio a esas partículas algún estatus moral para que la moralidad se hiciera realidad? ¡Científicamente ese concepto es ridículo!

Lo que sería más útil es tener valores absolutos, que no cambian simplemente por capricho de grupos de personas, ya sea una decisión democrática de muchos de ellos o el deseo de unos pocos que manejan las cosas.

Dios viene a nuestro rescate. No para inventar la moral para que nosotros lidiemos con ella. Sino porque nos comunica su propia naturaleza absoluta a nosotros. La Biblia dice que las personas son:

. . . lo creó a imagen de Dios.[3]

Por lo tanto, si Dios es bueno, entonces las personas tienen una comprensión del bien (independientemente de si creen en Dios).

¡Esto, obviamente, es una discusión mucho más larga de lo que estoy permitido aquí! Déjame ir al punto principal de todo esto. ¿En qué clase de Dios creo? Un Dios bueno, que se comunica con el mundo. Ahora, lo mejor: La historia, creo yo, muestra esto de manera suprema en la vida, muerte y resurrección de Jesús.

Pero antes de llegar a eso, este es un buen momento para hablar sobre un poco de mi propia historia . . .

---

3   Génesis 1:27 (NVI)

En mis tiempos... 1

Nací en junio de 1941. Europa ya estaba en guerra con el surgimiento de los Nazis. Seis meses después, Japón se lanzaría en conflicto con mi país, Estados Unidos, en Pearl Harbor. Pasarían más de tres años antes de que la paz llegara y la vida realmente podría comenzar a ser normal.

Inicialmente, mis padres y yo vivíamos cerca de West Point, Nebraska, norte-centro de EE. UU., en la antigua granja donde nací. La tierra estaba llena de colinas de color marrón amarillento y amplias llanuras regadas; un área fértil, que exportó maíz, heno, sorgo y soja a otros estados. Luego nos mudamos a un pueblo llamado Wahoo y después, a una de las pequeñas ciudades de Nebraska, Fremont, antes de finalmente establecernos en California.

Mi papá era carpintero, trabajaba en un taller de gabinetes. Mi mamá se quedaba en casa y cuidaba a mi hermano menor y a mí, y, mucho más tarde, en California, a los tres niños. Ninguno de mis padres era cristiano hasta que un día una mujer vendiendo productos Avon (pomadas para el cuidado de la piel y similares) tocó la puerta delantera. Si mi mamá realmente compró alguno de sus productos, no lo sé. En alguna parte de la conversación en la puerta, Dios o Jesús o la iglesia recibieron una mención. Mi mamá se interesó lo suficiente para empezar a ir a una de las iglesias locales.

Una vez que mi mamá decidió seguir a Jesús, comenzó a involucrarse con las actividades de la iglesia y mi hermano y yo íbamos también. Luego, ella comenzó un "Club de Buenas Noticias" en nuestra casa, donde, para mí, las actividades, el Kool-Aid (una bebida de jugo) y las galletas eran definitivamente "buenas noticias". Mi mamá, sin embargo, tenía un trabajo para mí. Tenía que correr por el vecindario invitando a todos mis amigos a escuchar acerca de Jesús, algo que he estado haciendo desde entonces. Cuando todos estaban en nuestra casa, mi mamá contaba historias bíblicas usando algunas figuras de fieltro pegadas en un trozo de franela, algo básico, pero en ese momento todo me parecía bastante cautivador.

Es triste decir que la decisión de mi mamá no le pareció bien a mi papá. De repente, había mucha tensión en el hogar. Mi papá no estaba contento con ella y nos íbamos a la iglesia con regularidad, y ella se sentía frustrada porque él no estaba preparado para escuchar lo que ella estaba descubriendo acerca de Dios y Jesús.

Esto se prolongó por un tiempo hasta que la iglesia empezó a organizar grandes reuniones a las que se invitaban a las personas para averiguar más sobre el cristianismo. Mi papá no quería ir. De alguna manera, mi madre lo convenció de que él necesitaba ir y, de algún modo, el último viernes por la noche aceptó participar. Pero no fue sin protestar. Se negó a cambiarse la ropa de trabajo. Entonces, apareció como si acabara de salir de su taller, cubierto de serrín, y así fue a la reunión. Cuando mi papá llegó a casa, las cosas habían cambiado. Había decidido que él también necesitaba seguir a Jesús. Y así, se restableció la armonía en el hogar.

Una semana, en el "Club de Buenas Noticias", mi mamá nos mostró el "libro sin palabras". Sin palabras, solo colores. Pero *igual cuenta una historia. El blanco representaba la pureza de la vida de Jesús. El negro era sobre todas las cosas equivocadas que yo había hecho. El rojo era obvio: Era la historia de la muerte de Jesús en la cruz, permitiendo que mi "página» negra se convierta en blanca. El dorado era la promesa del "paraíso": el cielo, la vida eterna. Y el verde era un recordatorio para "crecer" en una relación más profunda con Dios. Todo fue muy sencillo, pero tuvo un profundo efecto en mí. Lo entendí. Y quería seguir a Jesús por el resto de mi vida.*

Por supuesto, tuve que rehacer esta decisión como adulto. Pero esto también lo hice cuando entré a la adolescencia y luego me fui a Wheaton College, *una universidad cristiana en Illinois. En aquellos días, me interesaba mucho el fútbol americano y recibía ofertas de universidades con equipos importantes. Pero Wheaton, aunque solo tenía un equipo pequeño, me convenía más en cuanto a dónde quería ir con mi vida. Resultó ser una buena decisión. Fue donde conocí a Yvonne, mi esposa, y donde encontré a cristianos con visiones colosales para cambiar el mundo.*

En Wheaton, comencé a asistir a las reuniones de oración a las seis de la mañana. Estas no eran reuniones de solo ojos cerrados y murmullo. Sobre la mesa había mapas del mundo. Estos eran nuestro enfoque para la oración. Semana tras semana orábamos por los países, independientemente de su posición política y religiosa, en cualquier parte del mundo en que estuvieran.

Las últimas palabras de Jesús a sus seguidores fueron que serían testigos de su vida, muerte y resurrección a nivel local en Jerusalén, a la nación judía y "hasta los confines de la tierra"[4]. *Esto llegó a pasar en sus vidas, en la medida como entendían los*

---

4   Hechos 1:8 (NVI)

confines de la tierra. Sin embargo, en el siglo XX, la promesa de Jesús había ido literalmente a las distancias.

Entonces, me parece que este es un buen momento para hablar sobre Jesús, antes de que te cuente la parte en la que terminé mirando la punta peligrosa de un Kalashnikov para ir a los confines de la tierra.

6

Una parte de historia

Hace unos años no me hubiera molestado comenzar este capítulo con la pregunta que voy a hacer. Con el auge del internet y las redes sociales, donde toda hipótesis concebible puede presentarse como un hecho, se ha tornado difícil evitarla: ¿Existió Jesús?

Me parece de verdad asombroso descubrir que hay personas muy inteligentes que dicen que Jesús no existió. Bastante asombroso, de hecho. Claro que hay muchos con este punto de vista, pero hay que dar crédito a las personas que por lo menos han pensado en el tema. ¿Cómo llegaron a esa conclusión?

Las gallinas y los huevos vienen a la mente. ¿Qué motivó esta cacería de huevos en primer lugar? ¿Fue un deseo de determinar el hecho histórico? ¿O una forma creativa de reforzar un sistema de creencias existente? Si puedes declarar que Jesús no existió, entonces el cristianismo claramente no necesita que se le dé ninguna credibilidad. En general, me inclino a creer la última razón, ¡simplemente porque es difícil descartar la evidencia histórica sustancial de que Jesús existió sin matar a la gallina y revolviendo los huevos!

> *Un comentario aparte: Una de las maneras en que las personas hacen esto es descartar toda la evidencia y luego anunciar que no hay evidencia de que Jesús existió. En algún lugar allí dentro, encontrarás falta de fe, ¡algo que no está reservado para los creyentes religiosos!*

Hay numerosas piezas de evidencia antiguas de que Jesús existió que puedo citar:

- Historias detalladas sobre su vida, ambientadas en un marco de tiempo histórico real y en ubicaciones geográficas conocidas.
- Referencias extensas a él y su vida escritas durante la vida de testigos presenciales.
- Referencias a él como persona real por no cristianos.
- La existencia del cristianismo mismo.

En resumen, se debe tener algunos argumentos muy discutibles para rechazar la evidencia histórica de Jesús. Honestamente, es mucho más fácil aceptar que Jesús existió que pasar por maquinaciones para "probar" lo contrario.

Entonces, ¿qué nos dice esta evidencia histórica? Que Jesús nació hace unos 2000 años en Israel. Que era un rabino, un maestro judío, que viajó principalmente al norte del país, y a veces al sur, a Jerusalén, durante un período de tres años. Que fue bastante popular entre la gente común, pero no era aceptado por la élite gobernante local. A la edad de 33 años, fue arrestado por estos gobernantes y entregado a los romanos (que habían ocupado el territorio) para ser ejecutado. Murió clavado en una cruz fuera de los muros de Jerusalén y fue enterrado en una tumba cercana.

Por supuesto, si este fuera el final de la historia, es poco probable que Jesús hubiera tenido una nota a pie de página en la historia, no sería importante en las bibliotecas de libros (incluido este) ni en los montones de páginas de internet que existen hoy en día. Es el resto de la historia lo que hace la diferencia.

En consecuencia, esto ilustra otro punto. Si Jesús hubiera sido solo un predicador itinerante con un talento solo para alterar el status quo, nadie haría los extraordinarios esfuerzos para demostrar que existió o no existió. Si algunos de los argumentos utilizados para ilustrar que Jesús no existió, fueran aplicados a eventos en las vidas de personajes históricos que aceptamos felices como genuinos, nos quedaríamos con muchos vacíos en la historia. Entonces, ¿qué es lo que hace la diferencia? ¿Qué está en juego que pone a las personas en tal ansiedad para probar que Jesús no fue verdadero?

7
Jesús: ¿Encuentra la diferencia?

L A MEJOR MANERA de averiguar sobre Jesús es tomar una Biblia, pasar a la segunda parte, el Nuevo Testamento, y leer los cuatro relatos de la vida de Jesús: *Mateo, Marcos, Lucas,* y *Juan.* Los tres primeros siguen un patrón similar en su ángulo de la historia. *Juan* llega con un enfoque diferente.

Las cosas clave que quiero señalar aquí son las enseñanzas de Jesús, sus milagros y lo que sucedió después de su muerte. Estas son las que hacen la diferencia entre que Jesús sea una nota olvidada en la historia y que él sea el catalizador para una enciclopedia de consecuencias del tamaño del globo terráqueo.

Puedes leer las historias por ti mismo. Todo lo que pido es que las leas con una mente abierta. Una de las grandes líneas de Jesús para sus seguidores fue:

Vengan a ver . . . [5]

---

5 Juan 1:39 (NVI)

Esta fue una simple invitación para ellos, sin presiones. Si estás interesado, dice Jesús, ven y ve quién soy. Creo que es una invitación de Jesús que sigue en pie.

Regresemos a esas tres cosas clave: las enseñanzas de Jesús, sus milagros y (en un par de capítulos) lo que sucedió después de su muerte.

Las enseñanzas de Jesús siguen siendo asombrosas, incluso revolucionarias. Nosotros, por supuesto, las miramos con 2000 años de retrospectiva. Para las personas que las escucharon por primera vez, deben haber sido bastante impactantes. "Amen a sus enemigos y oren por quienes los persiguen"[6], "Dichosos los humildes, porque recibirán la tierra como herencia"[7]; por mencionar un par. Él hablaba de Dios como un padre accesible. Conducía un caballo con carreta a través de las normas religiosas agobiantes de esos días. Buscaba a los marginados en la sociedad (mujeres, enfermos y discapacitados) y les daba estatus.

Entonces, él era uno de los buenos. ¿Por qué no dejarlo ahí? ¡Después de todo hacer el bien no es malo!

Desafortunadamente, Jesús en realidad no nos dejó esta opción porque su enseñanza estaba ligada a algunas ideas que no iban a caer bien. El término pasado de moda es "blasfemia", es decir, equiparándote con Dios, afirmando ser Dios, y eso es lo que hizo Jesús. Hay más de una referencia a Jesús cuando la gente se molestaba con su "blasfemia". De hecho, esto juega un papel muy importante en su juicio y los eventos que llevaron a su crucifixión.

Es posible que hayas leído una gran cantidad de sitios web y artículos que te dicen que Jesús nunca dijo que él era Dios

---

6   Mateo 5:44 (NVI)

7   Mateo 5:5 (NVI)

o el Hijo de Dios. Esto, dicen, es solo porque los cristianos vuelven a leer las historias en las que creen. Esto demuestra un malentendido bastante evidente de lo que Jesús afirma claramente.

Jesús usa de forma intencional el nombre bíblico para Dios: «Yo soy». Él perdona de manera deliberada como solo Dios puede perdonar, completamente. Él dice que Dios es su Padre y que él y su Padre son "uno", lo que deja poco a la imaginación. Cuando se le desafía específicamente a decir si él es el Hijo de Dios, él dice: "Tú lo has dicho"[8]. Lo que se parece más a decir "asertaron muchachos", que a "Sí", pero significa lo mismo. Y luego se enfrenta a los retadores: "¿por qué acusan de blasfemia a quien el Padre apartó para sí y envió al mundo? ¿Tan solo porque dijo: 'Yo soy el Hijo de Dios'?"[9]

Entonces, sí, Jesús afirmó ser Dios.

Ahora veamos la prueba práctica. No voy a gastar mucho tiempo en los milagros de Jesús. Hay una larga lista de ellos. Las cuatro historias de los testigos de su vida los registran. Sin excepción, los milagros no fueron utilizados para glorificarse a sí mismo. Jesús no fue ninguna antigua celebridad interesada. Estos fueron realizados para ayudar a otros, ya sea curando a alguien o como una forma de enseñar a sus seguidores. Muestran un poder sobre la naturaleza, la enfermedad y la muerte que refleja el poder de Dios.

Una pregunta más grande es si los milagros pueden suceder. En nuestra era científica nos gustan las explicaciones de todo. Cualquier cosa que no tiene una causa "natural", nos hace sentir incómodos. ¿Es simplemente que Jesús hizo cosas que sus

---

8 Mateo 26:64 (NVI)

9 Juan 10:36 (NVI)

seguidores interpretaron como milagros porque no entendían cómo funciona el universo?

Tiene mucho sentido que si, como Jesús afirmó, él es Dios, entonces hacer milagros sería algo que Dios puede hacer. Si Dios de alguna manera, a través de su Espíritu, nutre el universo, entonces moverlo en ciertas direcciones "naturales" no debería serle difícil. Por lo tanto, ¿es un milagro algo que sucede de todos modos pero en el momento exacto? Por cierto, a fin de cuentas, las tormentas desaparecen. Cuando Jesús calma una tormenta en un lago, es el momento lo que es significativo, no el viento que se calma ni el mar que deja de estar bravo.

Dicho esto, los milagros de Jesús no pueden ser atribuidos a causas naturales. Convertir el agua en vino simplemente no estará en el espectro de las teorías científicas en un futuro cercano. Entonces, tal vez, nos quede la incómoda verdad de que si Jesús hizo estas cosas, tal vez fue Dios, después de todo.

Llegamos a la parte más incómoda de la historia de Jesús.

8
La muerte y la esperanza

LA MUERTE DE Jesús es uno de los momentos que más ha influido en la historia humana. Ha sido objeto de galerías de pinturas, salas de composiciones musicales, bibliotecas de libros. Se ha discutido y deliberado desde el día en que sucedió. Un viernes, como sucede.

Una vez más, los hechos básicos son bastante fáciles de anotar. Jesús se encuentra con algunos de sus seguidores más cercanos para celebrar un festival judío en Jerusalén (la Pascua, que aún hoy celebran los judíos). Después sale de las murallas de la ciudad, reza, y luego se va. Es arrestado por la élite gobernante judía. Sus amigos lo abandonan. Está sometido a seis pruebas que duran toda la noche y a primera hora de la mañana, se dicta la sentencia de muerte: Debe ser crucificado.

> *Un comentario aparte: En realidad, la historia es un poco más compleja que esto, así que siéntete libre de leerla por ti mismo. (Ver las notas al pie de página[10]). Lo que sí queda claro es que estos juicios ilegales no son estudios de la mejor práctica. Hay muchos intereses creados que están involucrados. Jesús es inocente de los cargos presentados ante él. Todos excepto "blasfemia". De lo cual, por supuesto, también es inocente si es realmente Dios...*

Los romanos, como la máxima autoridad gobernante, llevan a Jesús fuera de la ciudad el mismo día y lo clavan en una cruz. Permanece colgado durante seis horas y cuando los guardias desean apresurar el proceso de su muerte, descubren que ya está muerto. Para asegurarse, introducen una lanza en su costado y perforan su corazón. El rabino rebelde ha sido enviado a la eternidad. Uno pensaría que las autoridades judías se relajarían y disfrutarían de su día libre: el *Shabat*, el sábado. Curiosamente, esto no sucede en absoluto, pero luego volveré a eso.

> *Otro comentario aparte: Una vez más, la historia es mucho más detallada que esto; sigue leyéndola en Mateo, Marcos, Lucas y Juan.*

Puede que ya sepas esto. Todos estos eventos tienen lugar en tiempo real y en ubicaciones reales. Tenemos suficiente evidencia arqueológica para ubicar a los principales actores de la historia (como Pilato, el gobernador romano, y Caifás, el

---

10   Mateo 26, 27; Marcos 14, 15; Lucas 22, 23; Juan 18, 19.

líder judío). Los escenarios son sitios que puedes visitar hoy. Es cierto que no sabemos exactamente el centímetro de GPS, pero hay pistas sustanciales que nos permiten ubicarlos dentro de unos pocos metros, y para un evento que sucedió hace 2000 años, no es algo para discutir mucho. Además, hay pequeños detalles en la historia que concuerdan con las prácticas y costumbres de esos tiempos.

Miles y miles de sermones se han predicado sobre los aspectos de lo que sucedió ese día. Y no voy a entretenerte con uno de ellos. Pero sí plantea la cuestión que debo destacar.

Decidí resaltar una de las siete cosas importantes que Jesús dijo mientras estaba en la cruz. En parte, porque es una interacción de Jesús con los otros. Por otra parte, por lo que nos dicen sus palabras.

Jesús no fue la única persona sentenciada a la crucifixión ese día. Otros dos hombres, criminales por su propia admisión, fueron condenados a muerte. Uno es tan malo como la multitud que se burla de un hombre moribundo: «¿No eres tú el Cristo? ¡Sálvate a ti mismo y a nosotros!"[11]. El otro parece ser un transgresor de la ley más honesto y ya debe haber sabido algo acerca de Jesús. Él reprende al primero y luego, le pide a Jesús:

Jesús, acuérdate de mí cuando vengas en tu reino.

Y Jesús le responde:

Te aseguro que hoy estarás conmigo en el paraíso.[12]

---

11   Lucas 23:39 (NVI)

12   Lucas 23:39-43 (NVI)

Aquí, la historia nos lleva más profundo a la dura realidad. Nuestra búsqueda para saber quién es Jesús se aleja de un agradable debate intelectual presentado con palabras acogedoras y argumentos limpios. Estamos atrapados en un entorno mucho más dramático y terrible para nuestra discusión.

Esta conversación cruzada no fue una agradable entre un par de amigos un viernes por la tarde. Jesús y este hombre estaban jadeando. Literalmente, muriendo por encontrar la fuerza para inflar sus pulmones una vez más. Jesús había sido azotado con unos cuantos latigazos. Las uñas le habían pinchado las muñecas. La multitud debajo de él estaba agresiva. Gritando insultos. Burlándose de él. Sin duda, el otro hombre tampoco había sido tratado exactamente con amabilidad.

Sin embargo, se lleva a cabo una conversación. Una que grabaron los que estaban cerca. ¿Estaban estos dos hombres en su agonía llena de dolor simplemente desperdiciando sus últimos suspiros?

El criminal dice algunas cosas notables en estas pocas palabras cortas. ¿Por qué debería esperar que Jesús lo recuerde? De seguro, no es algo que se le dice a alguien que está a punto de morir. Y él habla del "reino" de Jesús. ¿Qué quiere decir con eso?

Jesús no le dice al hombre que deje de perder sus últimos momentos en "tonterías". Habla de la verdad y el paraíso, y promete algo más allá de la expectativa de un criminal crucificado.

¿Paraíso? Tal vez una palabra pasada de moda. "Hoy estarás conmigo en el cielo". ¿Cómo entendemos eso?

¿Alguien realmente cree en el cielo? ¿No se estremece la vida hasta detenerse en algún lugar, con suerte más tarde, en lugar de hacerlo antes? Y se acabó. Un final oscuro para nuestra historia.

De seguro, ¿esto es solo de cristianos (y otros) que esperan lo mejor cuando mueren?

Bueno, seamos honestos. Probar que el cielo existe es tan difícil como probar que Dios no lo hizo. Puedes leer historias de personas que han "muerto" y han visto el lugar, pero, aunque son interesantes, es posible que te sientas inclinado a ignorarlas. Confiar en las experiencias de otros, como he dicho, no siempre es fácil en estos días.

Vamos en otra dirección con esto. Por su naturaleza, un reino espiritual donde Dios vive no se mostrará en una pantalla electrónica, detectada por un satélite que pasa, ni se encontrará en algún agujero cósmico. Lógicamente, si el cielo está donde está Dios y Dios no es material, fuera del tiempo, entonces el cielo no se encontrará en nuestras tres dimensiones conocidas ni estará definido por nuestras leyes de física y química.

Tal vez sea difícil superar este punto. Y es posible que necesites escucharme sin estar convencido. Ven y ve... lo creas o no, hay algunos indicadores esperanzadores.

El principal es obvio: ¿Quién es Jesús? Si, como él afirmó, es Dios, entonces debemos tomar en serio lo que dice. Llendo más al punto, lo que se deduce es que se trata de un Dios moral que habla.

¿Qué derecho tiene Jesús a mentir acerca de la existencia del cielo? ¿Qué derecho tiene Él a prometer el paraíso a un hombre moribundo? Si Jesús no es más que un hombre, entonces lo más amable que podríamos decir es que estaba tratando de ayudar a alguien con una mala solución. Si deseáramos ser francos, solo lo describiríamos como un engañador o charlatán, determinado a mantener una farsa inmoral hasta el final amargo.

Pero las acciones de Jesús no encajan con las de un personaje delirante o un tramposo. Lógicamente, la mejor explicación es que Jesús es quien dice que es. Si él es Dios, él sabe del cielo. Si él es Dios, tiene el derecho de ofrecer lugares a la gente. Y si él es Dios, entonces tiene que ser honesto, sincero, porque si no lo es, entonces su propio carácter se ve comprometido.

Entonces, ¿qué esperanza está ofreciendo Jesús? ¿Vida más allá de la muerte? Si esto fuera un escalón de piedra en un río, ¿estaría dispuesto a poner mi peso sobre ella? ¿O se derrumbaría y me tiraría de cabeza al agua?

Una vez más, estoy obligado a decir que hace docenas de años hice exactamente eso. Como muchos millones de personas, miles de millones en realidad, también lo han hecho. Tomé ese paso de confianza y descubrí que la piedra es una roca sólida.

Sin embargo, esto no es simplemente "oye, sígueme". Hay otra razón extremadamente buena para mi fe.

Pero antes de eso, déjame brevemente terminar mi historia...

En mis tiempos... 2

Cuando dejé la *historia, estaba en el Wheaton College, estudiando de forma minuciosa los mapas y orando acerca de a qué parte del mundo Dios quería que fuera. En el verano, después de la secundaria, había estado en México con un equipo juvenil de mi iglesia. Allí había conocido brevemente a otro joven, George Verwer. George se convertiría en el fundador de una organización llamada Operación Movilización, a la que Yvonne y yo nos uniríamos más tarde. Mientras tanto, sin embargo, comencé a prestar mucha atención a Turquía.*

En 1961, decidí dejar de asistir a la universidad por un año. George animó a Dale Rhoton, otro estudiante universitario de Wheaton, a establecer un curso de correspondencia cristiana en Estambul. Dale se retrasó, por lo que George sugirió que yo siguiera adelante. La forma más barata de llegar a Europa con la mayor cantidad de cosas posible era el transatlántico, el Queen Elizabeth. Así que, días antes de cumplir veinte años, me presenté en el muelle de Nueva York con una gran cantidad de literatura, ropa y suministros de segunda mano, y una pequeña maleta de mis posesiones, listo para zarpar hacia Francia.

En Europa, George se me unió con otra idea. Encontraríamos una camioneta, la cargaríamos con literatura cristiana y nos dirigiríamos a la frontera con la Unión Soviética, en ese tiempo un régimen comunista y ateo, donde la iglesia estaba siendo perseguida. Todo salió sin problemas al llevar nuestra camioneta Opel a Checoslovaquia. Nos chequearon, pero la literatura no fue tocada. Desde allí llegamos a Ucrania.

Todo iba bien hasta que George trató de entregar una copia dañada de la historia de Jesús, del Evangelio de Juan, desde la ventana del carro. Atrapadas por la brisa, las páginas revoloteaban por el camino. El que las recogió no se emocionó por lo que leyó. Se las entregó a las autoridades.

Nos detuvieron cerca de Rivne cuando íbamos hacia Kiev. La policía armada estaba parada en medio de la carretera, blandiendo a Kalashnikovs y acusándonos de ser espías. Terminar en un campo de trabajo gulag de repente parecía una posibilidad. Nos interrogaron durante dos días antes de ser escoltados hasta la frontera con la República Checa, con una motocicleta al frente y otra atrás. Las noticias reportaron sobre nosotros. Tanto el Soviet Pravda como el American International Herald Tribune informaron sobre nuestra detención y expulsión.

Mi verdadero enfoque, sin embargo, era Turquía. Como país profundamente islámico, la iglesia cristiana era minúscula. Los creyentes que existían allí tenían pocos recursos. Me instalé en Estambul, y Dale y yo comenzamos a producir literatura cristiana para distribuirla. Luego, reuní a un pequeño grupo de niños cristianos griegos y armenios, y hacía "fiestas" para escribir sobres, con los cuales anunciaríamos un curso gratuito por correspondencia. En el otoño de 1962, teníamos como 10,000 cartas para enviar, quizás más, ¡y las pusimos en el correo de Estambul, todas a la vez!

¿Adivina qué? Volví a salir en las noticias. Todos en Estambul sabían del tipo extranjero que estaba detrás del titular «La propaganda cristiana llega a la ciudad». Nos habíamos estado preguntando si obtendríamos alguna respuesta, por la que habíamos estado orando. *No necesitamos estar ansiosos.* Hubo docenas de respuestas. Sin embargo, cuando fui a abrir nuestro apartado de correo, escuché una voz detrás de mí: "¿Quiere venir con nosotros? . . . ".

Una vez más fui arrastrado para ser interrogado. Otros dos días. Afortunadamente, esta vez no me mostraron las puertas fronterizas y, mientras las respuestas al anuncio eran confiscadas, descubrimos que había muchas personas en la ciudad que querían aprender más sobre ese profeta que encontraban en su Corán: Isa, Jesús.

La próxima vez que estuve en los periódicos locales fue por el anuncio de mi compromiso de matrimonio. En diciembre del año siguiente, Yvonne vino a Turquía para reunirse conmigo y en enero de 1964, nos casamos en una capilla holandesa en el centro de Estambul. A pesar del retraso, continué enviando correspondencia con literatura cristiana, mientras que Yvonne enseñaba inglés en la ciudad. Y dos años después, tuve mi tercer y último roce con las autoridades.

Supongo que las autoridades se dieron cuenta de que deshacerse de mí era la forma más rápida de detener el funcionamiento del curso por correspondencia. Una tarde, fui a las oficinas de seguridad del gobierno para renovar la visa de Yvonne y fui arrestado. Un verdadero criminal: huellas dactilares y fotografías, tomas frontales y laterales, como las que se ven en las películas. Luego, esposado a un policía, me llevaron a la frontera griega, con prisa, sin tiempo para empacar mis pertenencias. Pregunté si podía al menos informar a Yvonne. Así que me encontré marchando por el camino hacia nuestro apartamento con las esposas puestas; déjame decirte que es vergonzoso que las mujeres del vecindario te vean escoltado por un policía hasta la puerta de tu casa. Yvonne no estaba. Entonces, le dejé una nota, le hice una taza de té al policía y nos dirigimos a la frontera. Le pusieron una enorme X a mi visa de

Turquía y me dijeron que caminara por el puente hacia Grecia. Desde allí, un cristiano griego me puso en un tren a Frankfurt y seis semanas después, Yvonne pudo acompañarme. Cuando intentamos regresar a Estambul, descubrimos que estábamos en una lista oficial de "No permitido el ingreso a Turquía". Y eso, lamentablemente, fue el final de nuestra residencia.

Desde entonces, Yvonne y yo hemos mantenido nuestros contactos con la iglesia en Turquía, visitándolos de vez en cuando, aún preocupado por verlos que sean bien apoyados en una situación difícil. Entonces, durante muchos años hemos continuado proporcionando literatura. Además, he estado involucrado en varios proyectos cinematográficos, largometrajes y documentales, compartiendo lo que he aprendido sobre Dios y Jesús.

¿Por qué te estoy contando todo esto? Quiero que entiendas que decidir seguir a Jesús a los 8 años no fue solo un capricho de la infancia impresionable. Fue una decisión que ha afectado toda mi vida. Setenta años más tarde, me apasiona contarles a otros, tú incluido, lo que creo y por qué, como lo hacía cuando corría por nuestro vecindario en Nebraska para invitar a mis amigos al "Club de buenas noticias" de mi mamá.

9
Cuando me levanto el Domingo

Durante años me he levantado todos los domingos por la mañana y he ido a la iglesia.

> *Un comentario aparte: En caso de que no lo hayas notado, no todos los cristianos hacen esto. Algunos optan por reunirse el sábado, en consonancia con el día de descanso judío. Otros escogen otro día para ajustarse a sus horarios de trabajo.*

Hay una buena razón para hacer esto. Es un día para celebrar. El domingo fue el tercer día después de la muerte de Jesús. El día en que dijo que se levantaría de entre los muertos. En el ámbito de "probarlo", ¿hay una mejor manera de establecer la existencia de la vida después de la muerte que demostrar la verdad?

Esto es otra cosa notable acerca de Jesús. Su enseñanza fue revolucionaria. Hizo milagros. Reclamó ser Dios. Y dejó en claro que esperaba tanto morir como volver a la vida. Lo cual es un dilema.

Cualquiera sea la imagen que tengamos de Dios, creamos o no en Dios, dudo que para la mayoría de las personas Dios es capaz de morir. Ese es el destino de los animales y los humanos, no de Dios. Aquí debemos comprometernos con la teología, el estudio de la naturaleza de Dios. En primer lugar, no hace falta decir que podemos tener puntos de vista sobre cómo es Dios, pero eso no significa que son correctos. Podemos tratar fácilmente de restringir a Dios a lo que creemos que debería ser, a lo que pensamos que debería o no debería hacer. Pero, en realidad, sería mejor si escucháramos o viéramos lo que Él revela. Es muy probable que muchos de nosotros hayamos sentido que hemos sido tergiversados y pensamos: "Si solo la gente me conociera mejor"... ¡Quizás Dios siente lo mismo!

Entonces, ¿es posible que Dios muera? Bueno, todo esto está relacionado con quién es Jesús. La Biblia y los cristianos no afirman que Jesús es una especie de Dios de otro mundo que flota en forma humana; un fantasma real que grita: "No puedes hacerme daño", mientras una lanza es introducida en su costado. La Biblia describe a Jesús como Dios pleno y humano pleno. Una ecuación difícil de resolver, si solo trabajas en 3D, por supuesto.

La resurrección de Jesús no solo nos invita a discutir la teología. El problema es si en *realidad* se levantó de la muerte. Hay una necesidad de alguna evidencia decente que se resista al escrutinio si vas a hacer una afirmación como esta. Y no voy a decepcionarte. Una vez más puedo señalar a la historia como una evidencia sólida que debes explicar si quieres rechazar las razones de mi fe. Quizás es mejor si lo enfoco desde el punto de vista de un no creyente.

¿Por qué no creer?

> *Un comentario aparte: No puedo condensar toda la evidencia de forma satisfactoria en un par de párrafos. Hay numerosos libros sobre el tema, algunos de los cuales se mencionan al final de este libro, que proporcionan una descripción más completa.*

Lo obvio es que la resurrección no es posible, por lo tanto, no se puede creer. Y la respuesta obvia es que nadie afirma que esto ocurra "naturalmente" o con la frecuencia suficiente para ser un "hecho" observado del tipo que a la ciencia le gusta ver, registrar y, de este modo, validar. Declarar que es imposible no logra involucrarlo con el relato en todas sus facetas.

Bien. Lo siguiente y más pragmático. Tal vez, la gente fue a la tumba equivocada. Simplemente, aparecieron un par de días después y no podían recordar cuál era la correcta. Esta tumba estaba vacía y la historia fue alterada.

Esto plantea muchas preguntas. Jesús fue acostado en la tumba de un tipo llamado José, por el mismo José. Es difícil de creer que no podía recordar qué tumba había preparado recientemente para él y su familia. Luego, había mujeres muy cerca que querían poner especias sobre el cuerpo. ¿Podrían todas olvidarse? Y, ¿por qué las autoridades, que habían puesto guardias en la tumba, no salieron a dar la noticia de que Jesús todavía estaba muerto y enterrado un par de tumbas más allá?

En realidad, este es un buen momento para hablar sobre las autoridades locales. Una de las razones por las que no descansaron muy bien el sábado después de la muerte de Jesús es que sabían que Jesús había prometido resucitar de la muerte. Así que insistieron en que los guardias fueran colocados en la tumba. También tenían un sello colocado en la entrada. Nadie robó ese cuerpo.

El próximo argumento es que, tal vez, la gente estaba equivocada. Después de todo, los seguidores de Jesús debieron haber deseado que estuviera vivo; las personas afligidas lo hacen. Aquí estamos en la alucinación de masas a gran escala. Los seguidores de Jesús afirmaron haber visto a Jesús en más de una ocasión, durante largos periodos de tiempo, sin destellos fugaces como una figura fantasmal iluminándoles el camino o escondiéndose en una esquina. Dijeron que hablaba con ellos, comía con ellos. Algunas de estas personas habían pasado tres años con él, probablemente no lo confundirían con alguien.

Las historias incluso nos dicen que fue en sus gestos que fue reconocido. ¿Y cuántos seguidores tuvieron esta experiencia? No solo unos pocos, fueron quinientos.

Bueno, otro ejemplo más. (Y como he notado, otros han buscado la evidencia de forma mucho más exhaustiva). Tal vez, todas estas personas eran crédulas e impresionables; fácilmente engañadas para creer que Jesús realmente estaba vivo. ¿No podría esto haber sido una estafa ejecutada hábilmente?

Es difícil ver exactamente lo que habría logrado tal estafa. ¿Y quién dirigía la estafa? ¿Jesús? Bueno, lo habían golpeado casi hasta la muerte, lo habían clavado en una cruz y le habían introducido una lanza en el corazón. Sería difícil organizar ese engaño con la asistencia de las hostiles autoridades judías, y es difícil ver qué sacarían los romanos de esto.

¿Qué pasa con el grupo principal de seguidores? Tenían mucho que ganar. Fama instantánea. Contratos de libros. Sus propios programas de televisión. Y todos los beneficios del estrellato como los líderes de esta nueva religión a la que no le habían puesto un nombre. Si es así, se equivocaron mucho. Nadie hizo una fortuna. Uno de ellos, Santiago, pronto fue condenado a muerte por un gobernante local por proclamar que Jesús estaba vivo. Y cuando era obvio que el plan A no funcionaba y los otros enfrentaban la cárcel y la pena de muerte, ¿por qué no se declararon culpables de engaño?

Esto me lleva al problema del "engañado". Podemos pensar que todos en el pasado eran increíblemente ingenuos. Que eran tan supersticiosos que cualquiera podía darles a conocer una historia tonta y hacérselas creer. Solo en nuestra sofisticada era científica ha prevalecido el sentido.

Bueno, la resurrección reportada de Jesús debía estar en los reinos de historias tontas si querías generar un seguimiento, forzando los límites de las creencias de cualquiera que quisieran.

Pero dejemos eso ahí, porque sabemos que no todos aprovecharon la oportunidad de creerlo. No es sorprendente que cuando piensas sobre esto, se puede ver que las respuestas a las noticias eran variadas; distintas reacciones, ¡no muy diferente a nuestra generación, después de todo!

Algunos simplemente confiaban en otros. Sus amigos dijeron que habían visto a Jesús, ¿por qué no deberían creerles? Otros seguidores fueron a la tumba para ver por sí mismos. Sabemos que alguien que encontró la mortaja de Jesús pero no el cuerpo, no necesitó buscar más. Thomas, uno de los seguidores más cercanos de Jesús, no quedó impresionado con los informes. No iba a creerlo hasta que presionara su dedo en las heridas hechas por los clavos y sintiera la cicatriz de la lanza introducida en el costado de Jesús. Supongo que se sorprendió y estuvo encantado cuando Jesús se presentó y lo invitó a hacer precisamente eso.

Y así sigue. Se presenta evidencia como esta. Hay quienes establecen sus barreras buenas y correctas, quienes creen con facilidad y quienes necesitan tiempo para decidir.

Por supuesto, hay muchas personas que eligen no comprometerse en absoluto. Es mejor mantener la cabeza baja, y sacar lo mejor de esta vida, ¿verdad? Se preocuparán por la vida después de la muerte cuando llegue el momento. Excepto, como sabemos, la muerte no es una ciencia exacta.

Además, hay quienes quieren creerlo, pero la presión de los demás los frena. Lo cual es una gran vergüenza porque esto es algo serio, eternamente serio, creo. Pero sucede.

Pero, en general, tengo la esperanza de que la gente quiere pensar en ello y resolverlo por sí mismos. Entonces leen, van a una iglesia, ven algunos videos, escuchan ambos lados del debate. No hay nada de malo en eso.

10
El Libro: Lo más valioso que ofrece este mundo

Hay una frase muy significativa que se dice durante la coronación del jefe de estado en Gran Bretaña, la coronación de una nueva reina o un rey. El monarca recibe una copia de la Biblia y se le informa que lo que tiene en sus manos es "lo más valioso que ofrece este mundo". Esta no es una innovación reciente. Las palabras se remontan a abril de 1689. Antes de eso, los monarcas besaban el libro después de haber hecho un juramento de compromiso con su mano sobre la Biblia, algo que también han hecho los presidentes estadounidenses.

Si esto ahora es simplemente una tradición o algo más importante, o si las personas involucradas le deben algo a su contenido, es importante recalcar que en algún momento la Biblia ha alcanzado un significado que no se le ha dado a ningún otro libro.

La Biblia también ha inspirado a hombres y mujeres a realizar increíbles actos de valentía y autosacrificio. Ayudó a dar forma a los comienzos de la ciencia moderna. Ha sido un recurso tomado para las más magníficas pinturas, y piezas de música y literatura. Se ha llevado a las batallas. Sentó las bases de los sistemas legales y el auge de la democracia. Es el libro más vendido de todos los tiempos. Fue una guía y un consuelo para los cristianos en todas las naciones y para muchos que no se llaman a sí mismos cristianos. Lamentablemente, también ha estado en el centro de la amarga controversia y en los corredores de poder utilizados por las personas para infligir gran miseria a los demás. ¡No es un libro que puede ser ignorado!

Tal vez sea mejor si describo por primera vez las características de este libro, porque, como es de esperar, no es un libro ordinario.

Los fundamentos son fáciles de entender. Es un libro de libros; 66 de ellos, de hecho. Se divide en dos segmentos principales; El Antiguo y el Nuevo Testamentos. El Antiguo contiene 39 libros, y el Nuevo 27. El Antiguo Testamento contiene las escrituras judías escritas antes del tiempo de Jesús, así que estas son las palabras con las que él habría estado familiarizado y usado en su enseñanza. El Nuevo Testamento surgió después de la muerte y resurrección de Jesús. Es el resultado de los escritos de los primeros cristianos.

Hasta ahora, todo bien. Pero luego se vuelve un poco más complejo. Escrita durante cientos de años antes de que Jesús viviera y unas décadas después, la Biblia es una colección de escritos antiguos unidos en un gran volumen. Tenemos los nombres de casi todos los escritores del Nuevo Testamento, pero solo de algunos de los que escribieron los libros del Antiguo Testamento.

Es una mezcla de idiomas: hebreo (antiguo) y griego (nuevo), con algunas frases de arameo.

También es una biblioteca de estilos literarios: historia y poesía, legalidades y letras, filosofía, profecía y proverbios. Los diferentes libros adoptan distintos géneros o se combinan más de uno.

Y, por extraño que parezca, no se deslizó del escritorio de un escriba como un compendio completo hasta unos 400 años después del nacimiento de Jesús; la tecnología no estaba lista para que existiera un libro tan grande. (Y en caso de que te lo estés preguntando, se necesitaron otros 1000 años para agregar los números de capítulos y versículos que usamos hoy). Al principio, era principalmente una colección de rollos (Antiguo) y pequeños libros de papiro llamados códices (Nuevo). Y esas secciones del Antiguo Testamento se transmitieron oralmente de una generación a otra, antes de que alguien pudiera escribirlas.

¿Todo esto parece un poco casual para un libro tan influyente?

La respuesta fácil es que no importa cómo la Biblia llegó a ser el libro. Lo que marca la diferencia es lo que está escrito entre las cubiertas. Y esto es verdad. ¡Pero poco justo! ¿Cómo puedo pedir a los demás que confíen en los escritos de un libro sin alguna justificación para su creación y su confiabilidad?

11

La Palabra verdadera

LA HISTORIA DE la Biblia, cómo surgió, es como los otros temas tratados en este libro, demasiado extensa para el espacio aquí. Lo que quiero es principalmente evitar la mera historia y llegar al tema de la autenticidad. También quiero enfocarme en el Nuevo Testamento, porque esta es la parte que cuenta las historias de Jesús y expande lo que los primeros cristianos nos cuentan sobre él. Sin embargo, es importante darse cuenta de que para los cristianos el Antiguo Testamento también es una parte integral para comprender quién es Jesús.

Hay docenas de profecías en el Antiguo Testamento que Jesús cumplió como el esperado "Mesías". Los escritores del Nuevo Testamento citan mucho el Antiguo Testamento, usando sus versos para presentar a Jesús a sus lectores. La enseñanza de Jesús, como he dicho, surgió de los escritos del Antiguo Testamento, aunque a menudo dio una nueva comprensión radical de lo que este decía.

Entonces, veamos primero el Antiguo Testamento... pero brevemente:

Una gran parte del Antiguo Testamento cuenta la historia del pueblo hebreo, los judíos, pero la historia comienza mucho antes de que este "pueblo de Israel" emergiera como un grupo identificable. Contiene un interludio de poesía y proverbios, seguido de una larga sección final de las palabras de los profetas de Israel. En los tiempos de Jesús, estos escritos hebreos estaban disponibles en rollos guardados en las sinagogas, cada copia escrita a mano.

Volviendo a los orígenes de algunos de los libros, tendemos a ser un poco desdeñosos sobre las tradiciones orales. Es difícil para nosotros imaginar un mundo en el que cada ítem de información no se registre en una "copia impresa". Jugamos el juego del "teléfono malogrado" y nos reímos del extraño mensaje que surge al final de la línea. Pero no sujetamos nuestra existencia a un sistema oral. Si nuestra frágil sociedad dependiera por completo de enviar el mensaje de un extremo a otro con precisión, ¿no nos aseguraríamos de que el mensaje se transmitiera correctamente? Pequeñas comunidades bien versadas en sus historias eran guardianes celosos de sus tradiciones. Esta *era* su "copia impresa".

Hablando de teléfonos, no hace mucho tiempo la gente recordaba los números de teléfono y, si necesitabas llamar a alguien, le podías pedir el número a alguien y este lo sacaría de su memoria. Supongo que a la mayoría de los jóvenes les resultaría difícil creerlo, ya que ellos solo desplazan hacia abajo las pantallas en sus móviles y lo leen.

Con el tiempo, las viejas historias orales fueron escritas en pergaminos. Luego, se agregaron libros recién escritos a la colección. Juntos se convirtieron en los escritos sagrados de los judíos, y luego, se incluyeron en la Biblia cristiana.

Si aceptamos satisfechos la fiabilidad de las tradiciones orales, también nos gusta señalar la permanencia de la impresión. Una vez que un libro ha salido de la imprenta, las palabras en la página son estáticas, difíciles de cambiar. El largo proceso de años de los escribas, generación tras generación, de copiar de un manuscrito a otro estaba destinado a introducir errores en el texto, ya sea de manera intencional o no.

No hay duda de que los manuscritos antiguos contienen errores. Nadie pretendería que tenemos una Biblia que tiene cada palabra perfectamente conservada en piedra desde el momento en que fue pronunciada o escrita por primera vez. (Esto lleva a una pregunta sobre lo que Dios está haciendo en todo esto. Volveré a eso).

Sin embargo, debemos darles cierto crédito a los antiguos escribas, en lugar de descartarlos como un grupo de adolescentes de décimo grado que copian las líneas de un libro de texto como un castigo por algún delito menor. El punto central de transferir el texto de un documento a uno nuevo era hacerlo con precisión. ¡En especial cuando se trataba de textos sagrados! Y puedes apostar que alguien estaba revisando.

Pasemos al Nuevo Testamento. La ventaja obvia es que todos los libros fueron escritos en un período relativamente corto. En comparación con el Antiguo Testamento, las cosas se habían movido mucho en términos de comunicación. Y tenemos mucha evidencia de la autenticidad del Nuevo Testamento.

Los libros del Nuevo Testamento se pueden dividir en cuatro categorías:

- Historias de Jesús (Mateo, Marcos, Lucas y Juan)
- Una historia de la iglesia primitiva (Hechos)
- Cartas a las iglesias en (actualmente) Turquía, Grecia y Roma
- El libro de Apocalipsis, ¡un libro interesante para terminar!

Todos estos escritos son del primer siglo d.C. Jesús murió alrededor del 33 d.C, lo que los coloca en una ventana de 60-70 años después de su muerte. Todos menos un libro tienen el nombre del escritor adjunto a este, ya sea en el texto o adscrito.

Tomando cada categoría a la vez:

- Mateo y Juan eran amigos íntimos de Jesús. Lucas y Marcos estuvieron entre los primeros cristianos, confiando en informes de testigos oculares.

- El libro deHechos también fue escrito por Lucas; en parte, es una descripción de sus propias experiencias.

- Las cartas fueron escritas principalmente por Pablo, quien conocía a los amigos íntimos de Jesús, y otras cartas escritas por algunos de los seguidores más cercanos de Jesús.

- El libro Apocalipsis fue escrito por Juan.

Es esencial entender que las historias de Jesús son registros de relatos de testigos oculares. No fueron cuentos pasados de generación en generación. Se dan los nombres de los individuos. Los incidentes están coloreados de información. Los detalles reflejan lo que sabemos de esa época. La historia confiable y la geografía verificable son parte integral de las historias.

Una de las razones prácticas por la que el cristianismo se difundió rápidamente fue que sus seguidores aprovecharon una nueva tecnología disponible. Curiosamente, los primeros cristianos abandonaron la dependencia judía de los pergaminos. Los libros de papiro pequeños, los códices, eran más baratos, más rápidos de producir y más fáciles de leer.

Además de esto, las carreteras romanas y las rutas marítimas abrieron grandes caminos para la comunicación. Claro que se tardaba unos días en recibir un mensaje de un lado del imperio al otro, pero era solo una cuestión de días. Como consecuencia, las historias y los detalles se podían comprobar más fácilmente.

Por supuesto, puedes haber descubierto que muchas personas con sus propias agendas argumentan que estos escritos iniciales estaban distorsionados; su transmisión se basa en la precisión de las copias manuscritas. (La imprenta llegó en el siglo XV). O incluso, que el cristianismo fue realmente un producto de generaciones posteriores de cristianos que reescribieron el guión para satisfacer sus propios propósitos.

La prueba me parece que está en los manuscritos antiguos que tenemos del Nuevo Testamento. Mi pregunta básica es esta: ¿Nuestra Biblia contiene lo mismo que los manuscritos que tenemos desde el segundo siglo en adelante? Si es así, como es la realidad, ¿dónde está la evidencia de que la distorsión o el cristianismo es un producto de otra generación aparte de aquellos que conocieron a Jesús o fueron sus primeros seguidore

> *Un comentario aparte: Fui productor de un documental de 30 minutos: Las historias de Jesús: ¿Realidad o ficción?, el cual trata en detalle esta pregunta. Puedes encontrarlo en línea en Youtube, junto con otras producciones en las que he participado.*

Dos comentarios más sobre esto:

¿Sabías que aunque no tuviéramos copias de los manuscritos antiguos del Nuevo Testamento, todavía podríamos replicar una gran parte de ellos a partir de las citas utilizadas por los líderes de la iglesia en sus escritos desde el segundo siglo en adelante?

¿Sabías que tenemos un número considerable de los primeros manuscritos del Nuevo Testamento, miles en realidad? Mucho más que cualquier otro escrito antiguo, aparte de los de Homero, que ocupa un segundo lugar en la lista. Y, mientras continúan los nuevos descubrimientos, el intervalo de tiempo entre las copias antiguas del Nuevo Testamento que tenemos y la fecha de los originales es considerablemente más corto que el de los otros escritos antiguos donde la brecha puede ser de cientos de años.

Las personas se apresuran a señalar las diferencias entre estos manuscritos antiguos, las variantes, como evidencia de que nuestro Nuevo Testamento está en error. Por lo tanto, argumentan que no puede ser confiable. El punto está mal planteado. Los cristianos no están argumentando que las variantes no existen, ni que pueden ser ignoradas. ¡Encontrar una variante es una forma segura de que los académicos del Nuevo Testamento regresen a sus escritorios para elaborar el texto original!

Se habla mucho del número de variantes en los textos antiguos y, de nuevo, nadie lo niega. Sin embargo, estos "errores" son a menudo triviales; por ejemplo, errores de ortografía donde el significado es "obvio", ¿entiendes lo que quiero decir? En realidad, ninguna de estas variantes altera el mensaje básico del Nuevo Testamento de que Jesús es el Hijo de Dios, que vivió, murió y resucitó, porque Dios me ama y él te ama.

El hecho de que tengamos tantos manuscritos es una buena noticia. Esto nos permite tener confianza en una Biblia que se basa en lo fidedigno, no en lo casual. Como un ejemplo comparable, imagina una habitación llena de personas que necesitan saber qué hora es mientras esperan un tren. Si solo hay un reloj entre ellos, ¿cómo saben si es correcto? ¡Cuanto más relojes se muestren, mejor!

12

La Palabra de Dios

EL CAPÍTULO ANTERIOR fue un poco largo, así que intentaré hacer este más corto. El tema, sin embargo, también es muy importante para mi fe.

Yo diría que la Biblia es la palabra de Dios, una de las formas clave en que Dios se comunica con nosotros. Esto, por supuesto, la coloca en una categoría diferente a una simple pieza de literatura, con una historia interesante y un significado continuo.

La Biblia dice:

Toda la Escritura es inspirada por Dios y útil para enseñar, para reprender, para corregir y para instruir en la justicia, a fin de que el siervo de Dios esté enteramente capacitado para toda buena obra.[13]

Son esas palabras "inspiradas por Dios" las que dan a toda la Biblia una categoría propia. ¿Entonces qué significa eso?

---

13 2 Timoteo 3:16-17 (NVI)

Una traducción alternativa de las palabras griegas originales es "inspirada". La Biblia no fue dictada por Dios palabra por palabra a escritores que se sentaron como robots con sus plumas en la mano. Las palabras no aparecían como por magia mientras fueron escritas en las páginas de papiro o pergamino.

Dios fue tal vez más como un instructor de conducción o un entrenador deportivo; estrechamente involucrado, proporcionando dirección, dejando su huella en el resultado de los esfuerzos de los escribas. Ser inspirado no quita nada a la creatividad y al oficio del escritor. Pero sí reconoce que hay propósitos más profundos en el trabajo.

No se necesita mucha investigación para descubrir que hay una opinión de que el Antiguo Testamento es la historia de un Dios feroz y crítico, y que el Nuevo Testamento, en Jesús, presenta una cara más amable. A primera vista, esto no es irrazonable. Las historias, las profecías y los poemas del Antiguo Testamento tratan de muchos conflictos, dentro de las familias y a través de las fronteras. Suceden cosas trágicas y terribles, aparentemente sancionadas por Dios. Jesús, por otro lado, no va a la guerra. Habla de paz y se sacrifica a sí mismo. Sin embargo, para los cristianos, el Dios del Antiguo y Nuevo Testamentos es el mismo Dios. No hay división. Un estudio más profundo descubre un Dios amable y misericordioso en el Antiguo Testamento, que contrarresta la opinión popular.

Sin embargo, creo que realmente esto regresa a mi primer punto. La gente escribía las páginas de la Biblia. Lo hicieron dentro de sus propias épocas y su propia comprensión de los eventos y resultados. Es muy interesante que muchas de las historias bíblicas del Antiguo Testamento que reciben una crítica dura hoy en día eran fácilmente aceptadas, incluso causaban regocijo, cuando yo era joven. El mundo entonces, en guerra consigo mismo en la década de 1940 y durante la "Guerra Fría" posterior, veía las cosas de manera diferente.

La Biblia no es una lectura simplista. Nos invita a estudiar, a lidiar con sus historias y su significado más profundo. Yo creo que Dios nos ha dado mentes inteligentes para hacerlo. No se puede reducir a un mantra rígido para que se repita sin cesar en todas las culturas y en cada milenio. La Biblia es la Palabra de Dios para cada generación, sin importar su origen étnico, ubicación y posición; cada uno profundizando en ella y descubriendo las verdades. En resumen, es inspirada por Dios y por lo tanto, tiene vida.

* * *

El Salmo 119, el salmo más largo, cerca del centro de la Biblia, tiene mucho que decir acerca de Dios y su Palabra, y es un buen lugar para terminar este capítulo.

Tu palabra es una lámpara a mis pies,
es una luz en mi sendero.

La exposición de tus palabras nos da luz,
y da entendimiento al sencillo.[14]

---

14 Salmos 119:105, 130 (NVI)

13

El llamado de Dios

Hace un tiempo, hice un comentario acerca de Dios: *¿En qué clase de Dios creo?*

Un Dios bueno, que se comunica con el mundo. Ahora lo mejor: la historia, creo, muestra esto de manera suprema en la vida, muerte y resurrección de Jesús.

Después de haber hecho un caso sobre la existencia y el carácter de Dios a partir de la ciencia y haber usado la historia para ver la vida, la muerte y la resurrección de Jesús y dónde la Biblia encaja en todo eso, espero que puedas ver que hay una conexión contigo y tu vida.

Las historias de Jesús detallan su notable declaración de ser Dios, confirmada por sus acciones extraordinarias; haciendo milagros, perdonando malas acciones. Su muerte no es una crucifixión romana ordinaria del primer siglo; incluso en medio de una gran angustia, con un jadeo promete la vida eterna después de la muerte a un criminal moribundo. ¿Y cómo puede hacer esto? Porque, como dice la Biblia:

[Él] no vino para que le sirvan, sino para servir y para dar su vida en rescate por muchos.[15]

Su resurrección lo distingue de la historia del mundo. Y de su vida, muerte y resurrección surge un movimiento, el cristianismo, que tiene un profundo efecto en las vidas de miles de millones de personas, incluido yo.

Lo que quiero enfatizar es que Jesús no es solo una aberración en el tiempo y el espacio. Como si Dios se hubiera aburrido de nutrir el universo y decidido intentar ser humano. Quizás, sintió que sería bueno conocer a algunas personas. El propietario que se mudó por un tiempo, encontró que el lugar no estaba tan agradable como esperaba y se mudó de nuevo.

Creo que hay mucho más. Voy a seguir con la palabra "esperanza", aunque quizás encuentres a otros cristianos citando otro par de versículos de la Biblia en este punto:

Todos andábamos perdidos, como ovejas; cada uno seguía su propio camino, pero el Señor hizo recaer sobre él la iniquidad de todos nosotros.[16]

Porque tanto amó Dios al mundo que dio a su Hijo unigénito, para que todo el que cree en él no se pierda, sino que tenga vida eterna.[17]

---

15   Mateo 20:28 (NTV)

16   Isaías 53:6 (NTV)

17   Juan 3:16 (NVI)

¿Por qué no creer? 69

Esto es un buen tema para continuar, pero desde el principio mencioné que debo dar una razón para la esperanza que tengo. Entonces, seguiremos con la palabra "esperanza".

> *Un comentario aparte: Una de las cosas maravillosas de la Biblia es que contiene algunas profecías sorprendentes sobre Jesús y lo que Él haría. El primero de estos versículos: "Hemos dejado los caminos de Dios…", es parte de un pasaje mucho más largo en el Antiguo Testamento, las palabras de un profeta llamado Isaías. (Vale la pena leer todo el capítulo 53 de Isaías si puedes conseguir una Biblia). Isaías vivió unos 700 años antes de que naciera Jesús.*

La esperanza de la que estoy hablando no es "espero que no llueva", una especie de ilusión, sin certeza. Mi tipo de esperanza es más como una torre bien construida, erigida de forma segura sobre roca.

¿De dónde obtengo este tipo de esperanza?

- De un Dios bueno, en quien puedo confiar porque él es Dios y él es bueno.
- De un Dios que puede comunicarse y se comunica.
- De un Dios que no ha permanecido alejado, hablando débilmente, sino que habla muy claro.
- De un Dios que se ha comprometido por completo en mi mundo, vive y muere junto a la humanidad y luego vuelve a la vida para traer la buena noticia de que la esperanza existe en este universo.

Para mí, Jesús, quién es él y lo que ha hecho, sigue siendo la máxima expresión de Dios trabajando en el mundo. Por eso, sigo su ejemplo, intento vivir mi vida como él lo haría, y continúo explicando a la gente lo que creo y las buenas razones que tengo para mis creencias.

En el primer capítulo también dije que volver a lo básico de lo que creemos es una gran oportunidad para ver de dónde venimos, para llegar a donde estamos y para decidir a dónde vamos a ir. Así que, tal vez, es donde estás ahora, decidiendo a dónde ir después. Quizás solo a conseguir otro café. ¿O tal vez, te gustaría ir en una dirección diferente a la cocina?

¿Puedo sugerirte que leas los libros que enumero más adelante o veas los documentales en los que he participado? Ellos lo explican de una forma más profunda de lo que he podido hacerlo.

Tal vez, quieras conseguir una Biblia y leer lo que dice por ti mismo. Las Biblias son fáciles de encontrar gratis en el internet. Si prefieres una copia impresa, cualquier buena librería tendrá una. Yo preferiría una traducción moderna: Nueva Traducción Viviente (NTV) o Nueva Versión Internacional (NVI). Y comienza en el Nuevo Testamento con una de las historias de Jesús en: *Mateo, Marcos, Lucas* o *Juan*.

Sentirse cómodo en una iglesia y conocer a otros cristianos sería otra manera de avanzar. Cuéntales en qué has estado pensando y escucha sus historias de Dios trabajando en sus vidas y cómo y por qué han dedicado sus vidas a seguir a Jesús.

¿Y de allí a dónde?

Concluyendo con algo

Hemos recorrido un largo camino. Desde los confines del espacio y el tiempo hasta una conclusión lógica de que Dios existe. De ahí, a entender algo acerca de un Dios que es bueno y con eso tener conocimiento de que Dios se preocupa por nosotros. Que se comunica con nosotros. Que se comunica, en particular, a través de la vida, muerte y resurrección de su Hijo, Jesús.

Entonces, si realmente quieres entender por qué soy cristiano, todo es muy sencillo: Necesitas entender quién es Jesús y lo que Él ha hecho por ti.

Dios te bendiga,

Roger

Libros para leer

Sal De Tu Zona De Comodidad and Pasiōn Global
—George Verwer
Disparando contra Dios—John C. Lennox
El principio segūn El Gēnesis y la ciencia—Siete dias qūe dividieron el mundo—John C. Lennox
Cristianismo Bāsico—John Stott
La cruz de Cristo—John Stott
50 Dias del Cielo—Randy Alcorn
El cielo—Randy Alcorn

Referencias bíblicas:

Nueva Versión Internacional (NVI) Santa Biblia, Nueva Versión Internacional, NVI® Copyright ©1973, 1978, 1984, 2011 por Biblica, Inc.® Usada con permiso. Todos los derechos reservados mundialmente.

Escrituras marcadas con (NTV) fueron tomadas de la Santa Biblia, versión Nueva Traducción Viviente, derechos del autor ©1996, 2004, 2015 por Tyndale House Foundation. Usadas con permiso de Tyndale House Publishers, Inc., Carol Stream, Illinois 60188.Todos los derechos reservados. Words: 15759

JORGE VERWER
PRÓLOGO DE JOSEPH D'SOUZA

GOTAS
de un
CORAZÓN
QUEBRANTADO

serie favoritos

Prólogo de GREG LIVINGSTONE

JORGE VERWER

más gotas

MISTERIO
MISERICORDIA
DESORDENOLOGÍA